U0179530

国家重点研发计划
所属专项：绿色建筑及建筑工业化
所属项目：目标和效果导向的绿色建筑设计新方法及工具
项目编号：2016YFC0700200
课 题 三：南方地区高大空间公共建筑绿色设计新方法与
　　　　　技术协同优化
课题编号：2016YFC0700203

AESEU

民用建筑绿色设计流程与专业协同优化指南

Guide to green design process and collaboration for civil buildings

东南大学建筑设计研究院有限公司 编写

东南大学出版社

2020　南京

图书在版编目（CIP）数据

民用建筑绿色设计流程与专业协同优化指南 / 东南
大学建筑设计研究院有限公司编写. —南京：东南大学
出版社，2020. 11
　ISBN 978-7-5641-9248-8

　Ⅰ. ①民… Ⅱ. ①东… Ⅲ. ①民用建筑-生态建筑-
建筑设计-指南 Ⅳ. ①TU24-62

中国版本图书馆 CIP 数据核字（2020）第 238871 号

民用建筑绿色设计流程与专业协同优化指南
Minyong Jianzhu Lüse Sheji Liucheng yu Zhuanye Xietong Youhua Zhinan

编　　写：东南大学建筑设计研究院有限公司
出版发行：东南大学出版社
社　　址：南京市四牌楼 2 号　　邮编：210096
出 版 人：江建中
网　　址：http://www.seupress.com
责任编辑：戴　丽
责任印制：周荣虎
经　　销：全国各地新华书店
印　　刷：南京玉河印刷厂
版　　次：2020 年 11 月第 1 版
印　　次：2020 年 11 月第 1 次印刷
开　　本：850 mm×1168 mm　1/32
印　　张：2.25
字　　数：56 千字
书　　号：ISBN 978-7-5641-9248-8
定　　价：20.00 元

本社图书若有印装质量问题，请直接与营销部联系。电话（传真）：025-83791830

前　言

建筑绿色设计的本质是建筑的绿色性能设计，在目前绿色建筑的设计实践中，不同程度地存在建筑设计人员对绿色建筑认识不清、设计方向不明、分工与职责不清、设计工作效率低下等问题，以及整体绿色设计水平与质量不高的现象。本指南的编制是为了利于建筑设计人员开展各类民用建筑的绿色设计工作，并加强对绿色设计工作的指导，提高设计人员对绿色建筑的认识水平以及绿色设计的质量。编制组结合国家重点研发计划所属项目"目标和效果导向的绿色建筑设计新方法及工具"的科研课题[1]，经广泛调查研究，参考国家和地方相关标准和规范，认真总结实践经验，并在广泛征求意见的基础上，制定本指南。

本指南的主要内容是：1. 总则；2. 术语；3. 基本关注要点；4. 设计流程；5. 专业协同。

本指南为进行绿色设计工作提供了优化设计工作程序的指导和建议，给出了设计协同须考虑要点的有关信息。本指南不属于民用建筑绿色设计技术标准，而是帮助设计人员理解有关绿色设计标准，进一步提高绿色设计质量的工作指导手册。本指南在编写中遵循了《标准编写规则 第7部分：指南标准》GB/T 20001.7-2017 的相关要求。

本指南由东南大学建筑设计研究院有限公司负责管理与编制。执行过程中如有意见和建议，请寄送至东南大学建筑设计研

---

1. 本指南的编制依托国家重点研发计划所属项目"目标和效果导向的绿色建筑设计新方法及工具"（项目编号：2016YFC0700200），为其课题三"南方地区高大空间公共建筑绿色设计新方法与技术协同优化"（课题编号：2016YFC0700203）中的一项任务，得到课题科研经费资助。

究院有限公司（地址：江苏省南京市玄武区太平北路四牌楼 2 号，邮编：210096）。

主 编 单 位：东南大学建筑设计研究院有限公司

主　　　编：马晓东　袁　玮

编 写 人 员：孙　逊　刘　俊　唐超权　龚德建　臧　胜
　　　　　　　何宏志　唐小简　金　龙　丁迎春　沈　燕
　　　　　　　张华娣　单楠楠　黄文胜
　　　　　　　（按专业排序）

主要审查人员：桂学文　刘玉龙　车学娅　江　刚　汤　杰

目　　次

1 总 则

1.0.1 为了加强对民用建筑绿色设计工作的指导和管理，提升绿色设计的质量，特制定本指南。

1.0.2 本指南适用于指导民用建筑的绿色设计工作。

1.0.3 绿色设计工作须坚持"优化、协同、高效"的原则，优化设计流程、团队专业与岗位职能的配置及协同模式。以建筑专业为主导，加强各专业配合联动与有序协同，提高设计工作效率。

1.0.4 民用建筑的绿色设计工作在本指南的指导下进行，同时须符合国家和地方现行有关绿色设计工作的规定。

2 术 语

2.0.1 绿色建筑 green building

　　在全寿命周期内，节约资源、保护环境、减少污染，为人们提供健康、适用、高效的使用空间，最大限度地实现人与自然和谐共生的高质量建筑。

2.0.2 绿色性能 green performance

　　涉及建筑安全耐久、健康舒适、生活便利、资源节约（节地、节能、节水、节材）和环境宜居等方面的综合性能。

2.0.3 绿色设计 green design

　　在建筑设计中体现可持续发展的理念，在满足建筑功能的基础上，实现建筑全寿命周期内的资源节约和环境保护，为人们提供健康、适用和高效的使用空间。

2.0.4 设计流程 design process

　　将设计要求与条件转化为设计成果的相互关联和相互作用的设计活动及其过程。

2.0.5 协同设计 collaborative design

　　为了完成某一设计目标，由两个或两个以上设计主体，通过一定的信息交换和相互协作机制，分别承担部分的设计任务，以共同完成该设计目标的工作方式。

3 基本关注要点

3.0.1 民用建筑绿色设计需要以绿色性能为导向，满足建筑在安全耐久、健康舒适、生活便利、资源节约和环境宜居等方面的综合性能要求。

3.0.2 绿色设计须贯穿于前期策划、方案设计、初步设计和施工图设计的全过程。

3.0.3 绿色设计涉及的相关专业包括规划、建筑、结构、给水排水、暖通空调、电气、智能化、室内设计、景观、经济等。各专业与绿色建筑咨询工程师须协同工作，并共同组成集成化的建筑设计团队。

3.0.4 绿色设计须采用实用、高效的协同设计平台，构建绿色设计的共享空间，并加强对设计流程的管理。

4 设计流程

4.1 一般关注要点

4.1.1 建筑策划和后评估宜作为建筑师执业服务范围的前后延伸。在建筑策划工作中，建筑师完成项目的产品策划、技术策划和概念方案提案。策划需要包括绿色建筑的相关内容。

4.1.2 建筑工程的设计程序一般分为方案设计、初步设计和施工图设计三个阶段。

4.1.3 绿色设计须在建筑设计的基本流程中落实与绿色性能相关的设计任务，以达到绿色建筑的设计目标。

4.1.4 绿色建筑设计在各设计阶段的成果文件均须包含绿色设计内容，其深度须符合相关规定。

4.2 绿色建筑设计流程

4.2.1 前期策划流程需要包括下列内容：

1 开展项目前期调研，进行资料收集与分析，或依据前期建筑策划相关成果，确定绿色建筑定位与总体目标；

2 进行总体目标解析，策划团队协同商讨可能的绿色性能分项目标，发现绿色性能设计问题，初步界定与分解绿色性能设计任务；

3 将既定目标与使用要求相对应，进行初步概念构想；

4 通过多概念方案比选，对主要技术措施与实施策略的构想结果进行预测；

5 基于预测结果，进行技术可行性与增量成本的分析与评价，探讨构想与总体目标的契合度和技术措施的适宜性；

6 确定绿色建筑技术措施主要内容与增量成本综合指标，完成绿色设计前期策划书。

4.2.2 方案设计流程需要包括下列内容：

1 开展项目调研，进行资料收集与分析，或依据前期建筑策划相关成果，确定绿色建筑定位与总体目标，以及绿色建筑的方案设计条件；

2 进行总体目标解析，各专业协同商讨可能适宜的绿色性能分项目标，发现绿色性能设计问题，初步界定与分解绿色性能设计任务；

3 提出方案初步构思，进行绿色性能模拟分析与经济性分析，实施绿色性能设计实时评价，各专业协同商讨绿色问题解决方案；

4 进行多方案分析比选，确定绿色设计方向，提出主要技术措施与实施策略；

5 探讨绿色设计方案与总体目标的契合度和技术措施的适宜性；

6 编制绿色建筑的投资估算经济指标，完成绿色设计方案说明等绿色设计方案文件。

4.2.3 初步设计流程需要包括下列内容：

1 根据方案设计确认函与修改意见，进行相应评估与调整，进一步明确项目定位与目标，以及绿色建筑的初步设计条件；

2 根据设计目标，各专业协同商讨技术方案的可行性，确认绿色设计方向和技术路线以及主要技术措施，进一步界定与分解绿色性能设计任务；

3 各专业进行设计深化，协同商讨绿色性能相关适宜技术，优化技术措施，生成绿色性能设计综合性技术方案；

4 进行技术适宜性和成本的比较研究与实时评价，进一步明确绿色设计方向，整合、集成各专业成果，基本形成绿色性能技术综合性解决方案；

5 验证解决方案与设计目标的契合度和技术措施的适宜性，

进一步整合、完善绿色性能设计技术方案；

6 编制绿色工程概算经济指标，完成绿色设计专项说明等绿色设计综合性方案文件。

4.2.4 施工图设计流程需要包括下列内容：

1 根据初步设计批复成果，做相应评估与调整，再次确认绿色设计目标，以及绿色建筑的施工图设计条件；

2 汇总绿色性能设计技术措施，根据设计目标，各专业协同商讨绿色性能问题，界定绿色设计任务；

3 各专业相互配合，将绿色性能设计技术措施具体化，循环互提条件，逐一解决绿色设计问题；

4 整合集成各专业绿色设计，落实达到具体设计目标的技术措施及相关技术参数；

5 验证绿色设计内容与设计目标的契合度和技术措施的适宜性，再次整合、完善绿色设计技术措施；

6 完成绿色设计专项说明等施工图绿色设计文件。

4.3 绿色设计文件要点

4.3.1 项目建议书需要包括绿色设计专项说明，结合当地规划要求，明确项目定位，提出须达到的绿色建筑设计目标要求。投资估算需要包括绿色建筑经济指标。

4.3.2 项目可行性研究报告需要包括绿色设计专项说明，结合当地规划要求、项目建议书确定的项目定位和绿色建筑设计目标，对绿色设计实施的可行性进行全面分析论证，确定项目绿色设计实施策略。投资估算需要包括绿色建筑经济指标。

4.3.3 方案设计文件需要包括绿色设计专项说明，其中需要包括项目的绿色建筑设计目标及实现绿色建筑目标的主要手段及技术措施。方案投资估算须含绿色建筑经济指标。

4.3.4 初步设计文件需要包括绿色设计专项说明，并须根据对方案设计文件中绿色设计专项说明的有效审查意见进行设计。初步设计概算需要包括绿色建筑经济指标。

4.3.5 施工图设计文件需要包括绿色设计专项说明，该专项说明须由建筑专业综合协调，分专业（建筑、结构、给水排水、暖通空调、电气、智能化、室内设计、景观等）进行说明，且宜注明对绿色施工与运营管理的技术要求。

5 专业协同

5.1 一般关注要点

5.1.1 绿色设计的决策需要由设计团队协同进行。在绿色设计专业协同过程中，建筑专业起主导与统筹作用，结构、机电等其他专业起分担和协助作用，咨询团队与经济专业起支持作用。

5.1.2 根据绿色建筑定位与总体目标，以绿色性能为导向，设计团队须界定并完成相关的绿色设计任务。

5.1.3 绿色建筑各专业协同宜在协同设计平台中进行，以完成绿色设计过程中的信息交流、共享与合作，实现各专业高效协同设计的要求。

5.1.4 协同设计平台的建设宜立足二维，并向三维（BIM）引导。

5.2 专业分工与职责

5.2.1 根据绿色建筑定位与总体目标，规划专业的绿色设计任务可按照表5.2.1进行选择。

表 5.2.1 规划专业绿色设计任务

绿色性能	任务类型	设计任务
安全耐久	基本任务	满足场地选址安全要求
生活便利	基本任务	保障公共交通出行的便捷性
	可选任务	提供公共交通联系的便捷性和便利的公共服务，满足城市开敞空间可达性要求

绿色性能	任务类型	设计任务
资源节约	可选任务	节约集约利用土地，合理开发利用地下空间
环境宜居	基本任务	建筑总平面布局满足日照要求*
	可选任务	改善室外风环境，控制场地环境噪声值*
提高与创新	可选任务	合理选用废弃场地*

注：加"*"的内容是指涉及多专业的共同任务，是各专业设计须协同的重要内容和环节（下同）。

5.2.2 根据绿色建筑定位与总体目标，建筑专业的绿色设计任务可按照表 5.2.2 进行选择。

表 5.2.2 建筑专业绿色设计任务

绿色性能	任务类型	设计任务
安全耐久	基本任务	围护结构满足安全耐久防护要求*，外部设施统一设计*，内部非结构构件和设备及附属设施满足使用安全性*，外门窗安装牢固且物理性能良好，卫生间与浴室采取防水防潮措施，室内外通行空间满足紧急疏散与救护要求
	可选任务	采取预防人员坠落的安全保障措施，采用安全防护功能的产品或配件，室内外地面设置防滑措施*，采取人车分流措施*，采取提升建筑适变性措施*，采取提升部品部件耐久性措施*，提高装饰装修材料耐久性*
健康舒适	基本任务	控制室内污染物*，特殊房间合理组织气流*，室内噪声级与隔声性能符合标准*，围护结构热工性能符合标准
	可选任务	控制室内空气污染物浓度*，具有良好室内声环境*，具有良好隔声性能*，充分利用自然采光与具有良好室内光环境*，具有良好室内热湿环境*，具有良好自然通风，设置可调节遮阳设施
生活便利	基本任务	设置连贯无障碍步行系统*，合理设置无障碍停车位、电动汽车停车位及充电设施*，合理设置自行车停车场所
	可选任务	室内外公共区域满足全龄化与无障碍设计要求*，提供便利公共服务*，合理设置健身场地和空间

9

绿色性能	任务类型	设计任务
资源节约	基本任务	进行建筑被动节能设计，建筑形体规则*，无大量装饰性构件
	可选任务	节约集约利用土地，合理开发利用地下空间，减少地面停车，优化建筑围护结构热工性能，合理利用可再生能源*，选用工业化内装部品*，选用可再循环、可再利用材料与利废材料*，选用绿色建材*
环境宜居	基本任务	建筑总平面布局满足日照要求*、满足室外热环境要求*，场地内无排放超标污染源*，生活垃圾分类收集*
	可选任务	保护或修复场地生态环境*，设置场地绿化用地*，合理设置室外吸烟区*，设置场地绿色雨水基础设施*，控制场地环境噪声值*，控制建筑幕墙光污染*，组织良好室外风环境*，采取措施降低热岛强度*
提高与创新	可选任务	进一步提升建筑围护结构热工性能，适宜地域建筑风貌设计与地方建筑文化呈现，充分利用旧建筑*，降低建筑碳排放强度*

5.2.3 根据绿色建筑定位与总体目标，结构专业的绿色设计任务可按照表5.2.3进行选择。

表 5.2.3　结构专业绿色设计任务

绿色性能	任务类型	设计任务
安全耐久	基本任务	主体结构采用合理的结构体系*，外部设施与主体结构统一设计*，内部非结构构件设备及设施连接牢固*
	可选任务	采用恰当的抗震设防目标，提高楼面活荷载取值，满足建筑适变性*，提高结构材料耐久性
资源节约	基本任务	不应采用建筑形体和布置严重不规则的建筑结构*，优先选用本土化建材，采用预拌混凝土和预拌砂浆
	可选任务	合理选用高强度结构材料，选用可再循环材料与利废建材*，选用绿色建材*
提高与创新	可选任务	采用工业化建造技术，降低建筑碳排放强度*

5.2.4 根据绿色建筑定位与总体目标，给水排水专业的绿色设计任务可按照表 5.2.4 进行选择。

表 5.2.4 给水排水专业绿色设计任务

绿色性能	任务类型	设计任务
安全耐久	基本任务	设备与附属设施连接牢固*
	可选任务	采取结构与管线分离，设置公共管井等措施提升建筑适变性*，采用耐久性给水排水部品部件
健康舒适	基本任务	建筑给水排水系统符合健康要求，选用低噪声设备，采取设备降噪综合措施*
	可选任务	各类供水水质符合相关标准*，二次供水设施采取措施满足卫生要求，所有给水排水管道、设备与设施设置永久标识，采用设备与机房隔振降噪措施与排水降噪措施*，改善室内声环境
生活便利	可选任务	设置用水远传计量系统及水质在线监测系统，采用节水用水定额设计给水系统*
资源节约	基本任务	各类用水能耗独立分项计量*，制定水资源利用方案
	可选任务	节能型水泵设备*，合理利用可再生能源*，使用高效节水器具，绿化灌溉与空调冷却水采用节水设备或技术*，景观雨水补水与生态水处理*，利用非传统水源*
环境宜居	基本任务	场地竖向设计有利于雨水收集或排放*
	可选任务	场地年径流总量控制*，设置场地绿色雨水基础设施*
提高与创新	可选任务	降低建筑碳排放强度*

5.2.5 根据绿色建筑定位与总体目标，暖通空调专业的绿色设计任务可按照表 5.2.5 进行选择。

表 5.2.5 暖通空调专业绿色设计任务

绿色性能	任务类型	设计任务
安全耐久	基本任务	设备与附属设施连接牢固*
	可选任务	采用耐久性暖通部品部件*
健康舒适	基本任务	特殊房间合理地组织气流*，选用低噪声设备，采取设备降噪综合措施*，保障室内热环境，设置个性化热环境调节装置，地下车库设置与排风联动的CO监测装置*
	可选任务	控制室内空气污染物浓度*，采暖空调系统用水水质符合标准*，采用设备与机房隔振降噪措施*，具有良好的室内热湿环境*
资源节约	基本任务	空调合理分区控制，分区控温，能耗独立分项计量*
	可选任务	采用高能效冷热源，末端系统与输配系统节能，节能型风机设备*，降低供暖空调能耗*，合理利用可再生能源*，冷却水采用节水设备或技术*，冷却水利用非传统水源*
环境宜居	基本任务	场地内无排放超标污染源*
提高与创新	可选任务	进一步降低供暖空调设备系统能耗，降低建筑碳排放强度*

5.2.6 根据绿色建筑定位与总体目标，电气专业的绿色设计任务可按照表 5.2.6 进行选择。

表 5.2.6 电气专业绿色设计任务

绿色性能	任务类型	设计任务
安全耐久	基本任务	设备与附属设施连接牢固*，设置安全防护警示与引导标识系统*
	可选任务	场地交通系统具有充足照明*，采用设备管线与建筑结构分离等措施提升建筑适变性*，电气管线管材选用耐久产品*
健康舒适	基本任务	采取设备降噪综合措施*，室内照明质量符合标准
生活便利	基本任务	设置电动汽车充电设施*

绿色性能	任务类型	设计任务
资源节约	基本任务	照明功率密度符合照明标准，公共区域照明系统采取节能控制措施，采光区域照明采取独立控制措施，机电能耗分项计量*，电梯和扶梯采取节能控制措施
	可选任务	采用节能型电气设备及节能控制措施*，降低照明系统能耗*，合理利用可再生能源*
环境宜居	基本任务	设置导向与定位标识系统*
	可选任务	限制室外夜景照明光污染*
提高与创新	可选任务	降低建筑碳排放强度*

5.2.7 根据绿色建筑定位与总体目标，智能化专业的绿色设计任务可按照表 5.2.7 进行选择。

表 5.2.7 智能化专业绿色设计任务

绿色性能	任务类型	设计任务
安全耐久	基本任务	采用智能控制技术满足建筑适变性要求*
健康舒适	基本任务	地下车库设置与排风联动 CO 监测装置*
生活便利	基本任务	建筑设备管理系统具有自动监控管理功能*，设置信息网络系统*
	可选任务	设置用能远传计量系统与能耗管理系统、空气质量监测系统、智能化服务系统*
资源节约	基本任务	机电能耗独立分项计量*
	可选任务	采用绿化灌溉与空调冷却水系统节水技术
提高与创新	可选任务	降低建筑碳排放强度*

5.2.8 根据绿色建筑定位与总体目标，室内设计专业的绿色设计任务可按照表 5.2.8 进行选择。

表 5.2.8　室内设计专业绿色设计任务

绿色性能	任务类型	设计任务
安全耐久	基本任务	设置安全防护警示与引导标识系统
	可选任务	采取提升建筑适变性的措施*，以及提升部品部件耐久性的措施*，采用耐久性、易维护的室内装饰装修材料*
健康舒适	基本任务	控制室内装修污物浓度，设置禁烟标识*，室内噪声级与隔声性能控制符合标准*
	可选任务	提高室内空气污染物浓度控制标准，选用装修材料绿色产品，保障主要功能房间良好隔声性能*
	可选任务	室内公共区域满足全龄化无障碍设计要求*
资源节约	基本任务	实施土建与装修工程一体化*，选用工业化内装部品*，选用绿色建材*
环境宜居	基本任务	建筑内部设置标识系统
提高与创新	可选任务	降低建筑碳排放强度*

5.2.9　根据绿色建筑定位与总体目标，景观专业的绿色设计任务可按照表 5.2.9 进行选择。

表 5.2.9　景观专业绿色设计任务

绿色性能	任务类型	设计任务
安全耐久	基本任务	设置安全防护警示与引导标识系统*
	可选任务	室外地面或路面设置防滑措施*，场地交通系统具有充足照明*
健康舒适	可选任务	保障景观水体水质*
生活便利	基本任务	在建筑、室外场地与城市道路之间设置连续的无障碍步行系统*
	可选任务	室外公共活动场地及道路满足全龄化设计要求*
资源节约	基本任务	绿化灌溉采用节水设备或技术*，景观水体利用雨水补水与采用生态水处理技术*，绿化灌溉使用非传统水源*

续表 5.2.9

绿色性能	任务类型	设计任务
环境宜居	基本任务	满足室外热环境要求*，合理选择绿化方式，场地竖向设计利于雨水收集或排放*，建筑外部场地设置标识系统*，垃圾收集点设置与景观协调*
	可选任务	充分保护或修复场地生态环境*，设置场地绿化用地*，合理设置室外吸烟区*，设置场地绿色雨水基础设施*，控制场地环境噪声值*，合理组织室外风环境*，降低热岛强度措施*
提高与创新	可选任务	提高场地绿容率，降低建筑碳排放强度*

5.2.10 根据绿色建筑定位与总体目标，经济专业的绿色设计任务与职责有：

1 分析全寿命周期内的绿色建筑工程增量成本综合指标，以及绿色建筑技术增量成本单项指标，编制投资估算指标、工程概算指标以及运营阶段费用指标，为投资决策、项目评估，以及运营方案的制订提供参考依据。

2 结合绿色经济指标与限额设计要求，加强与各专业及绿色建筑咨询团队的沟通协调，为绿色建筑技术方案比选提供参考依据。

5.2.11 根据绿色建筑定位与总体目标，绿色建筑咨询团队负责进行全过程设计咨询。

1 依据项目基本条件，参与绿色建筑前期策划，以及绿色建筑策划书编制。

2 与各专业协同商讨进行多方案比选，提出适宜技术措施与实施策略，并以建筑性能模拟分析软件为工具，辅助建筑师完成建筑性能优化设计。

3 根据确定的绿色建筑技术方案，辅助各专业设计师细化绿色技术设计，在施工图设计文件中加以落实。

4 参与编制各阶段绿色设计专项说明。

5.3 岗位分工与职责

5.3.1 绿色建筑项目设计团队岗位分工一般包括项目负责人、专业负责人、设计人、校审人、协同设计平台维护人等。

5.3.2 项目负责人是项目设计的组织与参与者，须具有较强的综合业务能力和组织协调能力。其主要职责包括：

    1 制订项目计划，并监督执行；

    2 定期组织召开项目协调会，沟通协调包括绿色建筑设计在内的设计工作；

    3 跟踪项目情况，包括绿色建筑设计进度、质量；

    4 负责组织制定各阶段绿色建筑设计说明，组织项目绿色设计方案评审，执行三级校审（设计，校对，审核）制度，把好质量关。

5.3.3 专业负责人是本专业设计的组织和参与者；在项目负责人主持下，组织本专业含绿色建筑在内的设计工作。其主要职责包括：

    1 根据绿色建筑项目定位与目标，组织本专业成员收集、分析本专业设计基础资料，制定绿色建筑设计方案；

    2 在设计前需要与审核人讨论和确定设计方案，负责解决本专业中的绿色建筑技术问题；

    3 负责本专业与其他专业间的衔接和协同，代表本专业提出跨专业设计条件。

5.3.4 设计人在专业负责人的主持下，根据项目设计要求进行含绿色建筑在内的设计工作。其主要职责包括：

    1 在专业负责人统一安排下，根据项目绿色设计资料、项目定位与目标，做好绿色建筑方案比选；

    2 正确应用基础资料、规范、标准、计算公式，严格执行国家与地方的强制性规范、标准的条文，进行绿色建筑设计；

　　3　向项目负责人提出本专业所需的绿色建筑相关要求，配合跨专业设计协同；

　　4　完成本专业设计成果，做好自校，及时修改和纠正校审人提出的设计问题。

5.3.5　校审人需要具有专业校审资格，且宜具有绿色建筑设计实践经验。校审人须根据项目计划，对相应专业的设计成果文件进行校对、审核，确保绿色建筑设计质量。

5.3.6　在协同设计实施过程中，须设置协同设计平台维护人，负责进行平台的实施和维护，保证平台在设计过程中正常运行。

5.4　协同方法

5.4.1　建立协同设计平台，且该平台须基本满足下列功能要求：文件的存储、更新及版本记录，权限的分级设定，数据的共享、传输及关联。

5.4.2　设计团队须制定内部协同标准作为设计协同的规则和方法，规范设计协同流程。

5.4.3　设计过程中的文件须在协同设计平台中统一存储与管理，确保项目团队人员依据各自权限从协同设计平台中获取所需文件，文件使用权限须与各专业的工作范围、分工和职责对应。

5.4.4　设计文件须按统一原则命名。协同设计平台宜划分不同的工作区，满足设计过程中编辑、共享、发布、归档等的要求。

5.4.5　协同设计的工作方式包括异步协同设计和同步协同设计。异步协同在设计流程中的关键节点须同步。

附录 A 绿色设计各阶段设计流程汇总表

表 A 绿色设计各阶段设计流程汇总表

序号	流程	前期策划流程	方案设计流程	初步设计流程	施工图设计流程
1	设计条件输入	开展项目前期调研,进行资料收集与分析,确定绿色建筑定位与总体目标	开展项目调研,进行资料收集与分析,确定绿色建筑定位与总体目标,或依据策划成果,确定绿色建筑的方案设计条件	根据方案设计确认函与修改意见,进行相应评估与调整,进一步明确项目定位与目标,以及绿色建筑的初步设计条件	根据初步设计批复成果,进行相应评估与调整,再次确认绿色设计目标,以及绿色建筑的施工图设计条件
2	设计任务界定	进行总体目标解析,策划团队协同商讨可能的绿色性能分项目标,发现绿色性能设计问题,初步界定与分解绿色性能设计任务	进行总体目标解析,各专业协同商讨可能适宜的绿色性能分项目标,发现绿色性能设计问题,初步界定与分解绿色性能设计任务	根据设计目标,各专业协同商讨技术方案的可能性,确认绿色设计方向和技术路线以及主要技术措施,进一步界定与分解绿色性能设计任务	汇总绿色性能设计技术措施,根据设计目标,各专业协同商讨绿色性能问题,界定绿色设计任务
3	解答方案生成	将既定目标与使用要求相对应,进行初步概念构想	提出方案初步构思,进行绿色性能模拟分析与经济性分析,实施绿色性能设计实时评价,各专业协同商讨绿色问题解决方案	各专业进行设计深化,协同商讨绿色性能相关适宜技术,优化技术措施,生成绿色性能设计综合性技术方案	各专业相互配合,将绿色性能设计技术措施具体化,循环互提条件,逐一解决绿色设计问题

19

序号	流程	前期策划流程	方案设计流程	初步设计流程	施工图设计流程
4	设计整合	通过多概念方案比选，对主要技术措施与实施策略的构想结果进行预测（检验）	进行多方案分析比选，确定绿色设计方向，提出主要技术措施与实施策略	进行技术适宜性和成本的比较研究与实时评价，明确绿色设计方向，整合集成各专业成果，基本完成绿色性能技术综合性解决方案	整合集成各专业绿色设计，落实达到具体设计目标的技术措施及相关技术参数
5	设计验证	基于预测结果，进行技术可行性与增量成本的分析与评价，探讨构想与总体目标的契合度和技术措施的适宜性	探讨绿色设计方案与总体目标的契合度和技术措施的适宜性	验证解决方案与设计目标的契合度和技术措施的适宜性，进一步整合、完善绿色性能设计技术方案	验证绿色设计内容与设计目标的契合度和技术的适宜性，再次整合、完善绿色设计技术措施
6	设计成果输出	确定绿色建筑技术措施主要内容与投资估算经济指标，完成绿色设计前期策划书	编制绿色建筑的投资估算经济指标，完成绿色设计方案说明等绿色设计方案文件	编制绿色工程概算经济指标，完成绿色设计专篇等绿色设计综合性方案文件	完成绿色设计专篇等绿色施工图设计文件

附录 B 《绿色建筑评价标准》GB/T 50378—2019 条文统计分析表

表 B-1 《绿色建筑评价标准》GB/T 50378—2019 条文数量统计

序号	章节名称	控制项		评分项		加分项	
		条文数	基础分值	条文数	条文分值	条文数	条文分值
1	总则	5	—	—	—	—	—
2	术语	5	—	—	—	—	—
3	基本规定	13	—	—	—	—	—
4	安全耐久	8		9	100	—	—
5	健康舒适	9		11	100	—	—
6	生活便利	6	400	13	100	—	—
7	资源节约	10		18	200	—	—
8	环境宜居	7		9	100	—	—
9	提高与创新	—	—	—	—	10	180
	合计	63	400	60	600	10	180

注：1. 条文总数为 133 条，其中五项"绿色性能"相关条文共有 100 条。

2. 本表中"提高与创新"加分项条文总分值为 180 分，实际评价时最多计入 100 分。

表 B-2　《绿色建筑评价标准》GB/T 50378-2019 中与各专业相关的
条文数量及分值统计

专业	控制项		评分项				加分项			
	控制项条文数	控制项条文数占比（%）	评分项条文数	评分项条文数占比（%）	评分项分值统计	评分项分值占比（%）	加分项条文数	加分项条文数占比（%）	加分项分值统计	加分项分值占比（%）
规划	3	7.5	5	8.3	32	5.3	2	20.0	8	4.4
建筑	21	52.5	33	55.0	218	36.3	5	50.0	46	25.6
结构	5	12.5	6	10.0	41	6.8	3	30.0	15	8.3
给水排水	6	15.0	16	26.7	89	14.8	2	20.0	5	2.8
暖通空调	10	25.0	12	20.0	46	7.7	3	30.0	20	11.1
电气	9	22.5	7	11.7	27	4.5	2	20.0	5	2.8
智能	4	10.0	5	8.3	23	3.8	2	20.0	5	2.8
室内	7	17.5	13	21.7	48	8.0	2	20.0	5	2.8
景观	7	17.5	14	23.3	49	8.2	3	30.0	10	5.6
BIM	—	—	—	—	—	—	1	10.0	15	8.3
施工	—	—	—	—	—	—	3	30.0	23	12.8
运营	1	2.5	4	6.7	27	4.5	3	30.0	23	12.8

注：1. 本表中涉及多个专业的条文，条文数在不同专业中重复统计。
　　2. 本表加分项条文总分值计入 180 分。
　　3. 本表中"占比"指各相关方涉及的某项条文数或者分值与该项条文总数或总分值的比值。

附录 C 绿色性能导向的各专业设计任务统计表

表 C-1 规划专业

类别	序号	绿色性能	条文编号	设计任务	相关专业
控制项	1	安全耐久	4.1.1	场地选址安全	规划
	2	生活便利	6.1.2	公共交通出行便捷性	规划
	3	环境宜居	8.1.1	建筑规划布局满足日照要求	规划、建筑
评分项	1	生活便利	6.2.1	公共交通联系便捷性	规划
	2		6.2.3	提供便利的公共服务	规划
	3		6.2.4	城市开敞空间可达性	规划
	4	资源节约	7.2.1	节约集约利用土地	规划、建筑
	5	环境宜居	8.2.6	控制场地环境噪声值	规划、建筑、景观
加分项	1	提高与创新	9.2.3	合理选用废弃场地	规划、建筑
	2		9.2.10	其他创新措施	各专业

注：1. 控制项条文有 3 条，评分项条文有 5 条，加分项条文有 2 条。

2. 本表中"相关专业"指对应条文涉及的所有专业，"设计任务"主要针对表题中的专业。

表 C-2 建筑专业

类别	序号	绿色性能	条文编号	设计任务	相关专业
控制项	1	安全耐久	4.1.2	外围护结构系统	建筑、结构
	2		4.1.3	外部设施统一设计	建筑、结构
	3		4.1.4	内部非结构构件设备及设施连接牢固	建筑、结构、给水排水、暖通空调、电气、室内
	4		4.1.5	外门窗安装与物理性能	建筑
	5		4.1.6	卫生间、浴室防水防潮	建筑
	6		4.1.7	通行空间疏散与救护	建筑
	7	健康舒适	5.1.1	室内污染物控制与禁烟标识设置	建筑、室内
	8		5.1.2	特殊房间排风	建筑、暖通空调
	9		5.1.4	室内噪声级与隔声性能符合标准	建筑、给水排水、暖通空调、电气、室内
	10		5.1.7	围护结构热工性能	建筑
	11	生活便利	6.1.1	设计连贯的无障碍步行系统	建筑、景观
	12		6.1.3	设置无障碍和电动汽车停车位及充电设施	建筑、电气
	13		6.1.4	合理设置自行车停车场所	建筑
	14	资源节约	7.1.1	建筑节能设计应符合标准	建筑
	15		7.1.8	建筑形体规则性	建筑、结构
	16		7.1.9	装饰性构件控制	建筑
	17	环境宜居	8.1.1	建筑总平面布局满足日照要求	建筑、规划
	18		8.1.2	室外热环境	建筑、景观
	19		8.1.4	场地竖向设计有利于雨水收集或排放	建筑、给水排水、景观
	20		8.1.6	场地内无排放超标的污染源	建筑、暖通空调
	21		8.1.7	生活垃圾分类收集	建筑、景观、运营
评分项	1	安全耐久	4.2.2	防坠落人员安全保障措施	建筑
	2		4.2.3	安全防护功能产品或配件	建筑
	3		4.2.4	室内外地面防滑	建筑、景观

24

类别	序号	绿色性能	条文编号	设计任务	相关专业
评分项	4	安全耐久	4.2.5	人车分流	建筑、电气、景观
	5		4.2.6	建筑适变性（通用空间、管线分离、设备设施空间适应性）	建筑、结构、给水排水、电气、智能化、室内
	6		4.2.7	部品部件耐久性	建筑、给水排水、暖通空调、电气、室内
	7		4.2.9	装饰装修材料耐久性	建筑、室内
	8	健康舒适	5.2.1	控制室内空气污染物浓度	建筑、暖通空调、室内
	9		5.2.6	室内声环境	建筑、给水排水、暖通空调
	10		5.2.7	良好隔声性能	建筑、室内
	11		5.2.8	良好自然采光与室内光环境	建筑
	12		5.2.9	良好室内热湿环境	建筑、暖通空调
	13		5.2.10	良好自然通风	建筑
	14		5.2.11	设置可调节遮阳设施	建筑
	15	生活便利	6.2.2	全龄化与无障碍设计	建筑、室内、景观
	16		6.2.3	便利的公共服务	建筑、规划
	17		6.2.5	室外健身场地	建筑
	18	资源节约	7.2.1	节约集约利用土地	建筑、规划
	19		7.2.2	合理开发利用地下空间	建筑
	20		7.2.3	减少地面停车	建筑
	21		7.2.4	优化建筑围护结构热工性能	建筑
	22		7.2.9	合理利用可再生能源	给水排水、暖通空调、电气、建筑
	23		7.2.16	选用工业化内装部品	建筑、室内
	24		7.2.17	选用可再循环与可再利用材料、利废材料	建筑、结构、室内
	25		7.2.18	选用绿色建材	建筑、结构、室内
	26	环境宜居	8.2.1	保护和修复场地生态环境	建筑、景观
	27		8.2.3	设置场地绿化用地	建筑、景观

类别	序号	绿色性能	条文编号	设计任务	相关专业
评分项	28	环境宜居	8.2.4	合理设置室外吸烟区	建筑、景观
	29		8.2.5	设置场地绿色雨水基础设施	建筑、给水排水、景观
	30		8.2.6	控制场地环境噪声值	建筑、规划、景观
	31		8.2.7	建筑幕墙光污染控制	建筑、电气
	32		8.2.8	室外风环境	建筑、景观
	33		8.2.9	降低热岛强度措施	建筑、景观
加分项	1	提高与创新	9.2.1	进一步提升建筑围护结构热工性能，降低空调系统能耗	建筑、暖通空调
	2		9.2.2	适宜地域建筑风貌设计与地方建筑文化传承	建筑
	3		9.2.3	充分利用旧建筑	建筑、规划
	4		9.2.7	降低建筑碳排放强度	各专业
	5		9.2.10	其他创新措施	各专业

注：1. 控制项条文有21条，评分项条文有33条，加分项条文有5条。

2. 本表中"相关专业"指对应条文涉及的所有专业，"设计任务"主要针对表题中的专业。

表 C-3 结构专业

类别	序号	绿色性能	条文编号	设计任务	相关专业
控制项	1	安全耐久	4.1.2	主体结构	结构、建筑
	2		4.1.3	外部设施与主体结构统一设计	结构、建筑
	3		4.1.4	内部非结构构件、设备及设施连接牢固	结构、建筑、给水排水、暖通空调、电气、室内
	4	资源节约	7.1.8	建筑形体规则性	结构、建筑
	5		7.1.10	本土化建材、预拌混凝土和砂浆使用	结构

类别	序号	绿色性能	条文编号	设计任务	相关专业
评分项	1	安全耐久	4.2.1	抗震设计	结构
	2		4.2.6	建筑适变性（通用空间、管线分离、设备设施空间适应性）	结构、建筑、室内、给水排水、电气、智能化
	3		4.2.8	提高结构材料耐久性	结构
	4	资源节约	7.2.15	合理选用高强度结构材料	结构
	5		7.2.17	可再循环材料、可再利用材料、利废建材	结构、建筑、室内
	6		7.2.18	选用绿色建材	结构、建筑、室内
加分项	1	提高与创新	9.2.5	采用工业化建造技术	结构
	2		9.2.7	降低建筑碳排放强度	各专业
	3		9.2.10	其他创新措施	各专业

注：1. 控制项条文有 5 条，评分项条文有 6 条，加分项条文有 3 条。

2. 本表中"相关专业"指对应条文涉及的所有专业，"设计任务"主要针对表题中的专业。

表 C-4 给水排水专业

类别	序号	绿色性能	条文编号	设计任务	相关专业
控制项	1	安全耐久	4.1.4	内部非结构构件、设备及设施连接牢固	给水排水、建筑、结构、暖通空调、电气、室内
	2	健康舒适	5.1.3	建筑给水排水系统符合健康要求	给水排水
	3		5.1.4	选用低噪声设备、采取设备降噪综合措施	给水排水、建筑、暖通空调、电气、室内
	4	资源节约	7.1.5	能耗分项计量	给水排水、暖通空调、电气、智能化
	5		7.1.7	制定水资源利用方案	给水排水
	6	环境宜居	8.1.4	场地竖向设计有利于雨水收集或排放	给水排水、建筑、景观

续表 C-4

类别	序号	绿色性能	条文编号	设计任务	相关专业
评分项	1	安全耐久	4.2.6	建筑适变性（通用空间、管线分离、设备设施空间适应性）	给水排水、建筑、结构、电气、智能化、室内
	2		4.2.7	部品部件耐久性（给水排水）	给水排水、建筑、暖通空调、电气、室内
	3	健康舒适	5.2.3	各类供水水质符合相关标准	给水排水、暖通空调、景观
	4		5.2.4	二次供水卫生	给水排水
	5		5.2.5	给水排水管道、设施设置永久标识	给水排水
	6		5.2.6	室内声环境	给水排水、建筑、暖通空调
	7	生活便利	6.2.8	用水分级计量、避免管网漏损与水质监测	给水排水
	8		6.2.11	采用节水用水定额设计给水系统	给水排水、运营
	9	资源节约	7.2.7	节能型水泵设备	给水排水、暖通空调、电气
	10		7.2.9	合理利用可再生能源	给水排水、暖通空调、电气、建筑
	11		7.2.10	高效节水器具	给水排水
	12		7.2.11	灌溉节水与空调节水	给水排水、暖通空调、智能化、景观
	13		7.2.12	景观雨水补水与生态水处理	给水排水、景观
	14		7.2.13	利用非传统水源	给水排水、暖通空调、景观
	15	环境宜居	8.2.2	场地年径流总量控制	给水排水
	16		8.2.5	设置场地绿色雨水基础设施	给水排水、建筑、景观
加分项	1	提高与创新	9.2.7	降低建筑碳排放强度	各专业
	2		9.2.10	其他创新措施	各专业

注：1. 控制项条文有 6 条，评分项条文有 16 条，加分项条文有 2 条。

2. 本表中"相关专业"指对应条文涉及的所有专业，"设计任务"主要针对表题中的专业。

表 C-5 暖通空调专业

类别	序号	绿色性能	条文编号	设计任务	相关专业
控制项	1	安全耐久	4.1.4	内部非结构构件、设备及设施连接牢固	暖通空调、建筑、结构、电气、给水排水、室内
	2	健康舒适	5.1.2	特殊房间合理组织气流	暖通空调、建筑
	3		5.1.4	选用低噪声设备、采取设备降噪综合措施	暖通空调、建筑、给水排水、电气、室内
	4		5.1.6	保障室内热环境	暖通空调、智能化
	5		5.1.8	设置个性化热环境调节装置	暖通空调、智能化
	6		5.1.9	地下车库设置与排风联动的CO监测装置	暖通空调、智能化
	7	资源节约	7.1.2	空调合理分区控制	暖通空调
	8		7.1.3	分区控温	暖通空调
	9		7.1.5	能耗分项计量	暖通空调、给水排水、电气、智能化
	10	环境宜居	8.1.6	场地内无排放超标的污染源	暖通空调、建筑
评分项	1	安全耐久	4.2.7	部品部件耐久性	暖通空调、建筑、给水排水、电气、室内
	2	健康舒适	5.2.1	控制室内空气污染物浓度	暖通空调、建筑、室内、智能化
	3		5.2.3	各类用水水质安全	暖通空调、给水排水、景观
	4		5.2.6	室内声环境	暖通空调、建筑、给水排水
	5		5.2.9	具有良好的室内热湿环境	暖通空调、建筑
	6	资源节约	7.2.5	高能效冷热源	暖通空调
	7		7.2.6	末端系统与输配系统节能	暖通空调
	8		7.2.7	节能型风机设备	暖通空调、给水排水、电气
	9		7.2.8	降低供暖空调能耗	暖通空调、室内
	10		7.2.9	可再生能源利用	暖通空调、电气、给水排水
	11		7.2.11	空调冷却水系统采用节水设备或技术	暖通空调、给水排水、智能化、景观
	12		7.2.13	非传统水源利用	暖通空调、给水排水、景观

类别	序号	绿色性能	条文编号	设计任务	相关专业
加分项	1	提高与创新	9.2.1	进一步提高供暖空调设备系统能效	暖通空调、建筑
	2		9.2.7	降低建筑碳排放强度	各专业
	3		9.2.10	其他创新措施	各专业

注：1. 控制项条文有 10 条，评分项条文有 12 条，加分项条文有 3 条。
　　2. 本表中"相关专业"指对应条文涉及的所有专业，"设计任务"主要针对表题中的专业。

表 C-6　电气专业

类别	序号	绿色性能	条文编号	设计任务	相关专业
控制项	1	安全耐久	4.1.4	内部非结构构件、设备及设施连接牢固	电气、建筑、结构、给水排水、暖通空调、室内
	2		4.1.8	安全防护警示与引导标识	电气、室内、景观
	3	健康舒适	5.1.4	选用低噪声设备，采取设备降噪综合措施	电气、建筑、给水排水、暖通空调、室内
	4		5.1.5	照明质量良好、舒适、安全	电气
	5	生活便利	6.1.3	电动汽车充电设施	电气、建筑
	6	资源节约	7.1.4	采取照明节能、节能控制措施	电气
	7		7.1.5	能耗分项计量	电气、智能化、给水排水、暖通空调
	8		7.1.6	电梯、扶梯节能	电气、建筑
	9	环境宜居	8.1.5	建筑内外设置标识系统	电气、室内、景观
评分项	1	安全耐久	4.2.5	场地交通系统具有充足照明	电气、建筑、景观
	2		4.2.6	建筑适变性（通用空间、管线分离、设备设施空间适应性）	电气、建筑、结构、给水排水、智能化、室内
	3		4.2.7	部品部件耐久性	电气、建筑、给水排水、暖通空调、室内

类别	序号	绿色性能	条文编号	设计任务	相关专业
评分项	4	资源节约	7.2.7	采用节能型电气设备及节能控制措施	电气、暖通空调、给水排水
	5		7.2.8	降低照明系统能耗	电气、室内
	6		7.2.9	合理利用可再生能源	电气、暖通空调、给水排水
	7	环境宜居	8.2.7	限制室外夜景照明光污染	电气、建筑
加分项	1	提高与创新	9.2.7	降低建筑碳排放强度	各专业
	2		9.2.10	其他创新措施	各专业

注：1. 控制项条文有 9 条，评分项条文有 7 条，加分项条文有 2 条。

2. 本表中"相关专业"指对应条文涉及的所有专业，"设计任务"主要针对表题中的专业。

表 C-7 智能化专业

类别	序号	绿色性能	条文编号	设计任务	相关专业
控制项	1	健康舒适	5.1.9	地下车库设置与排风联动的 CO 监测装置	智能化、暖通空调
	2	生活便利	6.1.5	设备管理系统自动监控管理功能	智能化、暖通空调、给水排水、电气、室内
	3		6.1.6	设置信息网络系统	智能化、室内
	4	资源节约	7.1.5	能耗独立分项计量	智能化、给水排水、暖通空调、电气
评分项	1	安全耐久	4.2.6	建筑适变性（通用空间、管线分离、设备设施空间适应性）	智能化、建筑、结构、给水排水、电气、室内
	2	生活便利	6.2.6	设置用能远传计量系统与能耗管理系统	智能化、暖通空调、给水排水、电气
	3		6.2.7	设置空气质量监测系统	智能化
	4		6.2.9	具有智能化服务系统	智能化、室内
	5	资源节约	7.2.11	灌溉节水与空调冷却水节水	智能化、给水排水、暖通空调、景观

类别	序号	绿色性能	条文编号	设计任务	相关专业
加分项	1	提高与创新	9.2.7	降低建筑碳排放强度	各专业
	2		9.2.10	其他创新措施	各专业

注：1. 控制项条文有 4 条，评分项条文有 5 条，加分项条文有 2 条。

2. 本表中"相关专业"指对应条文涉及的所有专业，"设计任务"主要针对表题中的专业。

表 C-8 室内专业

类别	序号	绿色性能	条文编号	设计任务	相关专业
控制项	1	安全耐久	4.1.4	内部非结构构件、设备及设施连接牢固	室内、建筑、结构、给水排水、电气、暖通空调
	2		4.1.8	安全防护警示与引导标识	室内、电气、景观
	3	健康舒适	5.1.1	室内污染物控制与禁烟标识设置	室内、建筑
	4		5.1.4	室内噪声级与隔声性能符合标准	室内、建筑、给水排水、暖通空调、电气
	5	生活便利	6.1.5	设备管理系统自动监控管理功能	智能化、室内
	6		6.1.6	设置信息网络系统	智能化、室内
	7	环境宜居	8.1.5	建筑内设置标识系统	室内、电气
评分项	1	安全耐久	4.2.6	建筑适变性（通用空间、管线分离、设备设施空间适应性）	建筑、结构、室内、给水排水、电气、智能化
	2		4.2.7	部品部件耐久性	建筑、给水排水、暖通空调、电气、室内
	3		4.2.9	采用耐久性装饰装修材料	室内、建筑
	4	健康舒适	5.2.1	控制室内空气污染物浓度	室内、建筑、暖通空调
	5		5.2.2	选用装修材料绿色产品	室内
	6		5.2.7	良好隔声性能	建筑、室内

类别	序号	绿色性能	条文编号	设计任务	相关专业
评分项	7	生活便利	6.2.2	全龄化与无障碍设计	室内、建筑、景观
	8		6.2.9	具有智能化服务系统	室内、智能化
	9	资源节约	7.2.8	降低供暖空调能耗、降低照明系统能耗	室内、暖通空调、电气
	10		7.2.14	实施土建与装修工程一体化	室内
	11		7.2.16	选用工业化内装部品	室内、建筑
	12		7.2.17	选用可再循环与再利用材料、利废材料	室内、建筑、结构
	13		7.2.18	选用绿色建材	室内、建筑、结构
加分项	1	提高与创新	9.2.7	降低建筑碳排放强度	各专业
	2		9.2.10	其他创新措施	各专业

注：1. 控制项条文有 7 条，评分项条文有 13 条，加分项条文有 2 条。

　　2. 本表中"相关专业"指对应条文涉及的所有专业，"设计任务"主要针对表题中的专业。

表 C-9　景观专业

类别	序号	绿色性能	条文编号	设计任务	相关专业
控制项	1	安全耐久	4.1.8	安全防护警示与引导标识	景观、电气、室内
	2	生活便利	6.1.1	设计连贯无障碍步行系统	景观、建筑
	3				
	4	环境宜居	8.1.2	室外热环境	景观、建筑
			8.1.3	合理选择绿化方式	景观
	5		8.1.4	场地竖向设计利于雨水收集或排放	景观、建筑、给水排水
	6		8.1.5	场地设置标识系统	景观、电气
	7		8.1.7	垃圾收集点与景观协调	景观、建筑、运营

类别	序号	绿色性能	条文编号	设计任务	相关专业
评分项	1	安全耐久	4.2.4	室外地面或路面设置防滑措施	景观、建筑
	2		4.2.5	场地交通系统具有充足照明	景观、建筑、电气
	3	健康舒适	5.2.3	各类用水水质安全	景观、给水排水、暖通空调
	4	生活便利	6.2.2	全龄化与无障碍设计	景观、建筑、室内
	5	资源节约	7.2.11	灌溉节水与空调节水	景观、给水排水、暖通空调、智能化
	6		7.2.12	景观雨水补水与生态水处理	景观、给水排水
	7		7.2.13	非传统水源利用	景观、给水排水、暖通空调
	8	环境宜居	8.2.1	充分保护或修复场地生态环境	景观、建筑
	9		8.2.3	设置场地绿化用地	景观、建筑
	10		8.2.4	合理的室外吸烟区设计（系统性标识）	景观、建筑
	11		8.2.5	设置场地绿色雨水基础设施	景观、建筑、给水排水
	12		8.2.6	控制场地环境噪声值	景观、规划、建筑
	13		8.2.8	室外风环境	景观、建筑
	14		8.2.9	降低热岛强度措施	景观、建筑
加分项	1	提高与创新	9.2.4	场地绿容率	景观
	2		9.2.7	降低建筑碳排放强度	各专业
	3		9.2.10	其他创新措施	各专业

注：1. 控制项条文有 7 条，评分项条文有 14 条，加分项条文有 3 条。

2. 本表中"相关专业"指对应条文涉及的所有专业，"设计任务"主要针对表题中的专业。

表 C-10　BIM

类别	序号	绿色性能	条文编号	设计任务	相关专业
加分项	1	提高与创新	9.2.6	建筑信息模型	BIM

注：1. 控制项条文无，评分项条文无，加分项条文有 1 条。

2. 本表中"相关专业"指对应条文涉及的所有专业，"设计任务"主要针对表题中的专业。

表 C-11　施工

类别	序号	绿色性能	条文编号	工作任务	相关方
加分项	1	提高与创新	9.2.7	降低建筑碳排放强度	各专业、施工、运营
	2		9.2.8	绿色施工	施工
	3		9.2.10	其他创新措施	各专业、施工、运营

注：1. 控制项条文无，评分项条文无，加分项条文有 3 条。

2. 本表中"相关方"指对应条文涉及的所有方面，"工作任务"主要针对表题中的责任方。

3. 建筑设计应为施工提供基础条件和指导意见。

表 C-12　运营

类别	序号	绿色性能	条文编号	工作任务	相关方
控制项	1	环境宜居	8.1.7	生活垃圾分类收集	运营、建筑、景观
评分项	1	健康舒适	6.2.10	施工应急预案及激励机制	运营
	2		6.2.11	节水用水定额	运营、给水排水
	3		6.2.12	建筑运营评估	运营
	4		6.2.13	绿色教育宣传	运营
加分项	1	提高与创新	9.2.7	降低建筑碳排放强度	各专业、施工、运营
	2		9.2.9	工程质量保险	运营
	3		9.2.10	其他创新措施	各专业、施工、运营

注：1. 控制项条文有1条，评分项条文有4条，加分项条文有3条。

2. 本表中"相关方"指对应条文涉及的所有方面，"工作任务"主要针对表题中的责任方。

3. 建筑设计应为运营提供基础条件和指导意见。

引用标准名录

1 《绿色建筑评价标准》GB/T 50378—2019
2 《民用建筑设计术语标准》GB/T 50504
3 《民用建筑绿色设计规范》JGJ/T 229
4 《建设领域信息技术应用基本术语标准》JGJ/T 313
5 《江苏省绿色建筑设计标准》DGJ 32/J 173
6 《江苏省民用建筑信息模型设计应用标准》DGJ 32/TJ 210

参考资料

1. 姜涌，汪克，刘克峰. 职业建筑师业务指导手册 [M]. 北京：中国计划出版社，2010.

2. 庄惟敏，张维，梁思思. 建筑策划与后评估 [M]. 北京：中国建筑工业出版社，2018.

3. 姚刚. 基于 BIM 的工业化住宅协同设计 [M]. 南京：东南大学出版社，2018.

4. 王清勤，韩继红，曾捷. 绿色建筑评价标准技术细则 2019 [M]. 北京：中国建筑工业出版社，2020.

5. 中南建筑设计院股份有限公司. 建筑工程设计文件编制深度规定 [M]. 北京：中国建材工业出版社，2017.

民用建筑绿色设计流程与专业协同优化指南

Guide to green design process and collaboration for civil buildings

条文说明

目　　次

1 总　则

1.0.1　本条文表达了指南编制的目的。

建筑绿色设计的本质是建筑的绿色性能设计。目前在绿色建筑的设计实践中，不同程度地存在建筑设计人员对绿色建筑认识不清、设计方向不明、分工与职责不清、设计工作效率低下等问题，以及整体绿色设计水平与质量不高的现象。项目设计团队过度依赖专业咨询团队的引导，导致绿色建筑成果不是理性设计的结果，而是评价标准简单刻板的教条堆砌。本指南的编制是为了利于建筑设计人员开展各类民用建筑的绿色设计工作，并加强对绿色设计工作的指导，提高设计人员对绿色建筑的认识水平以及绿色设计的质量。

1.0.2　本条规定了指南的适用范围。

本指南为进行绿色设计工作提供了优化设计工作程序的指导和建议，给出了设计协同须考虑要点有关的信息。本指南既不属于民用建筑绿色设计的统一技术规范与标准，也不是绿色设计的新方法和新工具，而是建筑师、工程师在工程实践中进行绿色设计可参照的业务指导手册。

1.0.3　本条文明确了绿色设计工作的原则。绿色设计工作须优化设计流程与设计协同的机制，坚持以建筑专业为主导，各专业采用协同决策模式。本指南要求进行绿色设计工作的团队须包括咨询工程师在内，与各相关专业组成集成化的设计团队。指南明确了各专业及各岗位人员的分工与职责，以及绿色设计的协同环节。指南还要求建立协同设计平台，以改变粗放的设计管理模式，加强设计精细化管理及整体的专业协同水平。

1.0.4　本指南结合国家和若干地方对建筑绿色设计的专项审查要求，明确了绿色设计文件的基本内容。指南遵循建筑设计工作的基本规律，并依据《绿色建筑评价标准》GB/T 50378—2019各项绿色性能的内涵和要求，将绿色建筑的复杂设计内容分解为具体的特色性能任务，这些任务将在建筑设计的基本流程中得到落实。指南明晰了绿色建筑的本质，绿色建筑不是独立的建筑类型，绿色设计也不构成独立的建筑设计。作为建筑设计的一部分，绿色设计须符合现行关于建筑设计工作的相关规定。

2 术 语

2.0.1 本术语沿用《绿色建筑评价标准》GB/T 50378—2019 第 2.0.1 条。

2.0.2 本术语沿用《绿色建筑评价标准》GB/T 50378—2019 第 2.0.2 条。

本术语界定了绿色性能的范畴，同时表明建筑的绿色性能仅仅是建筑各项性能的有机组成部分，并非建筑性能的全部。

2.0.3 本术语沿用《民用建筑绿色设计规范》JGJ/T 229—2010 第 2.0.1 条。

2.0.4 本术语编制参照了国际标准化组织 ISO9000 认证对流程的定义。该定义是"流程是一种将输入转化为输出的相互关联和相互作用的活动"。

2.0.5 本术语基本沿用《建设领域信息技术应用基本术语标准》JGJ/T 313—2013 第 4.2.1 条。该条原文是"为了完成某一设计目标，由两个或两个以上设计主体，通过一定的信息交换和相互协同机制，分别以不同的设计任务共同完成一个设计目标的工作方式"。

协同设计是一个综合的集成设计工作方法。协同设计以协同学理论为指导，以计算机技术、网络技术和其他先进技术为技术支撑，以流程优化为手段，以信息共享为原则，为了完成某一设计目标，通过一定的协调规则和机制，项目团队的不同成员之间分担不同的设计任务，协同工作以实现最终的目的。

3 基本关注要点

3.0.1 本条在《绿色建筑评价标准》GB/T 50378—2019 第 1.0.3 条、第 2.0.2 条基础上发展而来。

本条文强调了绿色建筑是以绿色性能的目标和效果为导向的设计结果，摒弃盲目的堆砌技术。"以绿色性能为导向"具有两个层面的含义。第一层含义是以绿色建筑的五项"绿色性能"（安全耐久、健康舒适、生活便利、资源节约和环境宜居）为导向，绿色设计须满足绿色建筑的综合性能要求。理解第二层含义须回归绿色建筑理念的本原——可持续发展观。可持续发展观的核心内涵在于减少碳排放、降低能耗，以保护自然环境。因此，"以绿色性能为导向"的第二层含义是以资源节约（节地、节能、节水、节材）为主要性能要求，以降低建筑能耗为核心任务，以营造环境友好的适宜建筑空间为整体目标。

3.0.2 本条文表明绿色建筑的设计工作须贯穿于建筑设计的全过程。

绿色设计具有多目标、多阶段与多环节的特征。绿色设计不是在建筑设计后续阶段的技术补救，而是须贯穿始终的全过程设计。在每个设计阶段，设计人员须综合考虑项目外部与内部各种影响因素，以节能为核心任务，对各项绿色性能进行整体性与系统性的思考，进而完成由浅入深、由粗略概念构想到详细落地措施的全过程设计。

3.0.3 本条文基本沿用《民用建筑绿色设计规范》JGJ/T 229—2010 第 3.0.2 条。

本条文表达了建筑绿色设计团队的构成和工作方式。建筑绿色设计团队是一个集成化的设计团队，需要包括本单位绿色建筑咨询工程师或第三方咨询团队。

协同设计是设计团队成员之间相互合作、相互影响和制约的过程。设计团队成员理解绿色设计的专业角度与价值判断标准的不同，必然导致协同设计过程中发生冲突。因此，协同设计的过程既是统一认识的过程，也是冲突产生和消解的过程。

3.0.4 本条文在《民用建筑绿色设计规范》JGJ/T 229—2010 第3.0.2条的条文说明的基础上发展而来。

绿色设计需要体现共享、平衡、集成的理念。绿色设计过程中需要以共享、平衡为核心，通过优化流程、增加内涵、创新方法实现集成设计，全面审视、综合权衡设计中每个环节涉及的内容，以集成工作模式为业主、工程师和项目其他关系人创造共享平台，使技术资源得到高效利用。绿色设计共享的第一内涵就是建筑设计的共享，建筑设计是共享参与的过程，在设计的全过程中要体现权利和资源的共享，关系人共同参与设计。

4 设计流程

4.1 一般关注要点

4.1.1 本条文编制参考了《建筑策划与后评估》(全国注册建筑师继续教育必修课教材之十一)、《职业建筑师业务指导手册》(全国注册建筑师继续教育必修课教材之八)第 2.1 节与第 8.1 节，以及《民用建筑绿色设计规范》JGJ/T 229—2010 第 4 章。

　　绿色建筑策划与使用后评估均为建筑设计全寿命周期中的重要环节。一般认为，传统建筑活动流程是：首先由城市规划师进行总体规划，业主投资方根据总体规划确立建设项目并上报主管部门立项，建筑师按照业主的设计委托书进行设计，而后由施工单位进行施工建设，最后交付使用。全过程工程咨询包括策划、设计、后评估三个环节，在实际工作中建筑师必须将前后环节串联起来融合成为一个整体，才能更好地为工程项目服务。随着我国全过程工程咨询和建筑师负责制的推行，建设项目设计的科学依据制定和项目建成后的使用后评估的地位变得更加重要。前策划和后评估形成一个闭环，不仅能引导良好的设计构思，还能显著提升建筑的综合效益。

　　建筑策划与后评估也是与国际接轨的需要。在国际建筑师协会理事会通过的 2004 年版《实践领域协定推荐导则》中，规定建筑师在设计业务所能够提供的"其他服务"目录中，明确将"建筑策划"和"使用后评估"列为核心业务。因此，前策划和后评估是建筑师职能的前后延伸，我们建筑师的业务须适应国际化要求。

4.1.2 本条文依据 2017 年版《建筑工程设计文件编制深度规定》第 1.0.4 条。

在《职业建筑师业务指导手册》第 3.1 节与第 3.3 节的表述中，方案设计按照设计深度和要求的不同，一般又可分为三种或三个阶段：概念设计（方案前期咨询设计）、方案设计（包含方案投标设计）、方案深化设计。

4.1.3 本条文基本流程编制参考了《职业建筑师业务指导手册》第 3.1 节、第 3.3 节。

"绿色建筑设计"不是"绿色的"建筑设计，而是"绿色建筑"的设计，其实质应当是建筑的"绿色设计"，更准确的表述应当是建筑的"绿色性能设计"。2014 版《绿色建筑评价标准》将绿色建筑的内涵限定在"节地、节能、节水、节材及环境保护"，绿色性能体现在以"节能"为核心的资源"节约性"，以及对环境的"友好性"。2019 版《绿色建筑评价标准》将绿色建筑的内涵拓展，定义为具有五项"绿色性能"（安全耐久、健康舒适、生活便利、资源节约、环境宜居）的建筑。

厘清绿色建筑各种复杂的理念与概念，梳理设计人员熟悉的常规设计工作内容，所谓绿色建筑的五项"绿色性能"可以理解为广义的或者是新增加的"建筑性能"，以绿色性能为导向的相关设计任务仅仅是扩大化的各项建筑性能的集合。实际上，绿色性能中的许多性能要求原本就是最普通、最基本的建筑性能要求，如结构安全、抗震性能、构造安全、防水与防潮、保温与隔热等等。因此，在宏观的可持续发展层面，"绿色建筑"具有理念属性；而在微观的设计工作具体操作层面，"绿色建筑"的设计则与常规设计并无实质差异，均须在设计工作中满足并完成各项建筑性能要求，达到包含绿色建筑设计目标在内的整体设计目标。

4.1.4 本条在《江苏省绿色建筑设计标准》DGJ 32/J 173—2014 第 4.2 节的基础上发展而成。

4.2 绿色建筑设计流程

4.2.1 本条文在《建筑策划与后评估》1.1.4 的基础上，结合了《绿色建筑评价标准》GB/T 50378—2019 的绿色性能要求进行编制。

在《建筑策划与后评估》一书中，作者认为建筑策划与建筑设计的先后顺序并非一个简单的单项流程。建筑策划的概念设计属于建筑策划的范畴而不是建设项目的正式设计，是建筑策划的一部分，建筑师依据这种探讨性的设计方案为建筑策划的其他内容提供参考。对于建筑策划而言，为拟定建筑设计任务书，如果没有具体的建筑构想方案，要决定建筑的性质、性格、规模、利用方式、建设周期、建设程序、估算等条件是困难的。而按照《职业建筑师业务指导手册》对方案设计阶段的三种细分方式，方案前期咨询阶段的概念设计实际上已成为建设项目正式设计的一部分。

本指南将建筑策划中的"概念设计"等同于方案前期咨询阶段的"概念设计"，并列入建筑设计程序及基本流程（详见图1）。因为建筑策划阶段的概念设计已具有建筑设计的特征，两者并无实质性差异。

4.2.2～4.2.4 三条条文在《职业建筑师业务指导手册》2.3、3.3、4.3、5.3 的基础上，结合了《绿色建筑评价标准》GB/T 50378—2019 绿色性能要求编制。

包括前期策划的概念设计在内，方案设计、初步设计、施工图设计等各阶段的绿色设计须以建筑设计基本流程为基础，在基本流程中落实绿色性能相关的设计任务。如果某工程项目没有初步设计环节，则其施工图阶段的绿色设计须根据方案设计确认函与修改意见，做相应评估与调整。

在方案初步构思环节，以及各阶段的设计验证环节，可根据总体目标要求，由经济专业和咨询团队提供必要的经济分析、专项性能模拟报告和专项计算报告，以进一步调整、优化、整合与完善绿色设计技术措施。

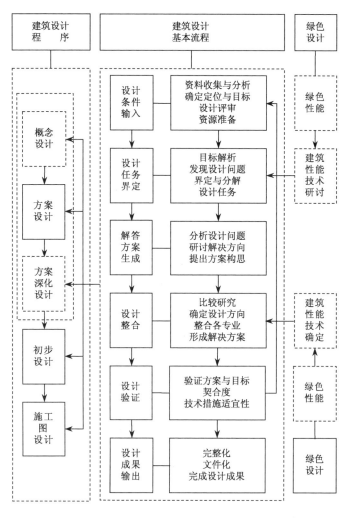

图1　绿色设计流程示意图

建筑设计的基本流程包含六个步骤：设计条件输入、设计任务界定、方案生成、设计整合、设计验证、设计成果输出。基本流程六步骤在民用建筑设计程序的每个设计阶段依序渐次推进，呈现线性特征，并在各设计阶段重复循环、迭代，推动设计不断深入发展和成熟，从而构成建筑设计的完整流程。通常，在设计任务界定环节，须对整体的建筑性能与相关技术展开研讨；在设计整合环节，须确定具体的建筑性能与相关技术措施，以及材料、产品、设备的规格参数。

在设计流程上，由于设计行业技术管理在总体上仍处于粗放状态，各专业间缺乏相互协作，且因各专业参与设计不同步，而建筑信息传递方式又呈现线性递进特征，使得后续专业设计信息的获取具有明显滞后性，从而带来不必要的冲突和调整。

因此，优化设计流程需要增强设计流程管理的系统性、精细性、可控性。这首先需要提高设计人员对绿色建筑的认识水平以及绿色设计的主动与自觉意识。其次，有别于常规设计团队的组织方式，在绿色设计初始就须建立起包括经济、咨询在内的集成化专业团队，以加强设计协同。再次，实施团队协同决策模式。该模式由建筑主导、咨询与经济支持、其他专业协同，各专业协同商议、共同界定绿色设计任务，确定绿色设计方向与具体技术措施。最后，协同设计须明确绿色设计各阶段设计任务流向和各专业设计工作交接的环节、步骤、程序，集成各专业设计成果，并予以实时验证与评估。

4.3 绿色设计文件要点

4.3.1~4.3.2 两条条文基本沿用《江苏省绿色建筑设计标准》DGJ 32/J 173—2014 第 4.2.1~4.2.2 条。

项目建议书与项目可行性研究报告均是工程建设项目前期策

划阶段的工作，这两个阶段的内容须设置绿色设计专项说明，以及绿色建筑工程增量成本综合指标，为项目评估和投资决策提供可靠依据。

4.3.3 本条基本沿用《江苏省绿色建筑设计标准》DGJ 32/J 173—2014 第 4.2.3～4.2.4 条。

方案设计文件中，须针对项目特点提出完整绿色建筑设计目标、技术路线、技术措施和技术指标，形成完整的绿色建筑方案设计专项说明。方案投资估算中的绿色建筑经济指标指绿色建筑工程增量成本综合指标。

4.3.4 本条基本沿用《江苏省绿色建筑设计标准》DGJ 32/J 173—2014 第 4.2.5 条。

在初步设计中，各专业须根据由相关行政主管部门批复的建筑设计方案文件，以及图审机构或者第三方咨询机构出具的对绿色建筑设计专篇的有效审查意见，落实相关绿色技术措施，并且做到定性、定量分析，撰写各专业绿色建筑专项说明。初步设计概算中的绿色建筑经济指标包括绿色建筑工程增量成本综合指标，以及主要的绿色建筑技术增量成本单项指标。

4.3.5 本条基本沿用《江苏省绿色建筑设计标准》DGJ 32/J 173—2014 第 4.2.6 条。

施工图设计阶段，各专业应根据获批复的初步设计绿色建筑设计文件的要求，全面落实绿色建筑技术措施在各专业的应用。在施工图设计说明中，须编制绿色建筑设计专项说明。该专项说明需要包括绿色建筑设计目标等级、绿色技术措施说明、建筑节能分析等内容。根据绿色建筑技术审查要求，尚需包含必要的建筑性能模拟与分析。专项说明中须对各专业的绿色设计内容有综合论述和提出定性、定量的要求，便于业主和施工单位执行与落实，以及审图机构、质检部门对绿色技术进行审查和验收。施工图设计阶段的设计图纸中还需要反映相关的绿色建筑技术内容。

5 专业协同

5.1 一般关注要点

5.1.1 绿色设计协同的主体是集成化的建筑设计团队,通过核心成员的主导与其他成员的辅助与支撑,采用"协同决策"的工作模式,确定绿色设计总体目标、分项目标及其相关工作内容。

在各项民用建筑设计工作中,建筑专业处于设计团队的核心与主导地位,在绿色设计工作中依然如此。经对 2019 年版《绿色建筑评价标准》全部条文数据的初步统计,建筑专业相关条文数及其评分值远超其他专业(以及施工与运营所占比重)。五项"绿色性能"中的控制项条文共计有 40 条,其中与建筑专业相关的有 21 条,占比为 52.5%;评分项条文共计有 60 条,与建筑专业相关的达 33 条,占比为 55.0%,评分项分值占比约 36.3%,如图 2 所示;"提高与创新"加分项条文共计有 10 条,与建筑专业相关的条文占 50%,加分项分值占比为 25.6%,如图 3 所示。

绿色建筑咨询工程师理解并熟悉绿色建筑的评价标准,掌握评价标准及其具体评价方法的构成体系,以及专业性能模拟工具。在绿色设计实践中,咨询人员须结合具体设计目标,协调各专业间的绿色设计任务,进行设计各阶段及各环节的实时评估,反馈绿色性能模拟分析结果,提供对设计成果的整体评价,提供设计优化依据。咨询虽未构成独立专业,但作为重要的支持性成员,须深度融入整体绿色设计团队。

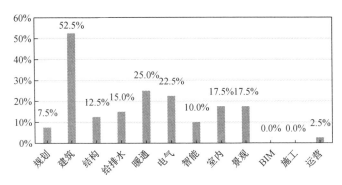

a 各专业相关控制项条文数占比

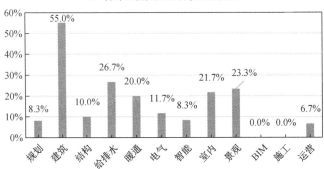

b 各专业相关评分项条文数占比

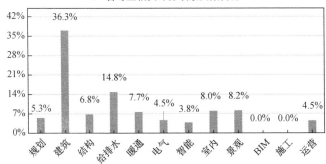

c 各专业相关评分项条文分值占比

图 2 评价标准条文数据统计与分析之一

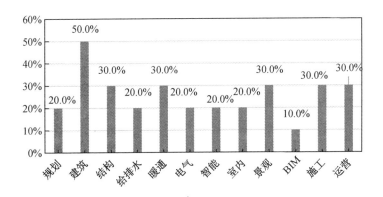

a 各专业相关加分项条文数占比

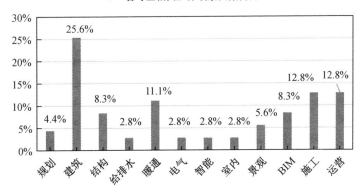

b 各专业相关加分项条文分值占比

图3 评价标准条文数据统计与分析之二

经济因素的内涵包括经济性与工程造价两个方面。在绿色建筑的设计过程中，绿色建筑的经济性与增量成本是绿色技术方案比选的重要参考依据，是各专业不可忽略的重要设计问题。经济专业具有经济意识与造价资讯的专业优势，负责提供绿色经济咨询，供决策参考。因此，经济专业在设计团队中发挥重要的支持性作用，如图4所示。

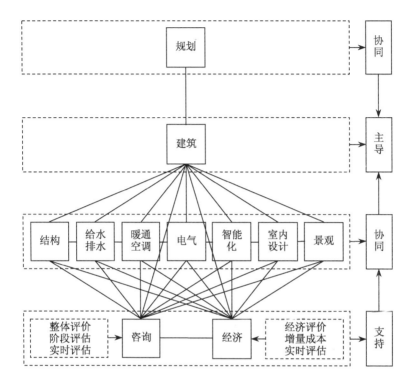

图 4　绿色建筑集成化设计团队与协同决策工作模式

由于经济因素具有重要的约束性，其他各专业也需要主动加强经济意识，并在绿色设计工作中坚持以下基本原则：一是全寿命周期原则，建立起全寿命周期的成本意识；二是低成本原则，注重采用不耗能或者少耗能的技术措施；三是高性价比原则，注重以低成本投入获取技术措施的高效率；四是简单、耐久原则，注重采用实用性技术，兼顾运营成本。

5.1.2 依据 2019 年版《绿色建筑评价标准》，绿色设计须满足绿色建筑的综合性能要求。同时，在项目设计实践中，还须基于对可持续发展观，准确把握绿色建筑理念的核心内涵，以降低建筑能耗及营造环境友好的适宜建筑空间为绿色设计的核心任务。

5.1.3 本条基本沿用《江苏省民用建筑信息模型设计应用标准》DGJ32/TJ 210—2016 第 5.1.1 条。

协同设计平台由流程、协作和管理三类模块构成。流程类模块主要是根据设计人员的设计习惯完成常规的设计和校审工作；协作类模块负责解决设计过程中的信息交流、共享和合作等问题；管理类模块可帮助相关人员及时了解和掌握设计过程的详细情况。绿色建筑项目团队各专业与各岗位成员利用该平台中的相关功能实现各自工作。

5.1.4 协同设计平台包括二维与三维（BIM）两类软件平台。协同设计平台的建设须兼顾设计行业现状及发展趋势，坚持实用、高效的原则，对设计全过程信息进行集中、有效管理，以实现多专业高效设计协同。

建筑信息模型（BIM）是建筑业信息化的重要支撑技术。BIM 是以三维数字技术为基础，集成了建筑工程项目各种相关信息的工程数据模型，可对工程项目设施实体与功能特性的数字化表达，能使设计人员和工程人员对各种建筑信息做出正确的应对，实现数据共享并协同工作。BIM 技术支持建筑工程全寿命期的信息管理和利用，可以极大地提升建筑工程信息化整体水平，工程建设各阶段、各专业之间的协作配合可以在更高层次上充分利用各自资源，有效地避免由于数据不通畅带来的重复性劳动，大大提高整个工程的质量和效率，并显著降低成本。

5.2 专业分工与职责

5.2.1～5.2.9 这九条条文根据绿色建筑定位与总体目标，分别对建筑等九个专业提出了须完成的绿色设计任务。

1 每个具体建筑的绿色设计都是独特的，均须根据项目所处地域气候条件、场地内外环境特征及建筑功能要求等约束条件，采用因地制宜、因时制宜的策略，以绿色性能为导向展开设计。因此，为各专业规定统一的绿色设计任务极为困难。

为了能够对绿色设计协同环节做出具体规定和指引，就必须首先明确具体的绿色设计任务，明确各专业具体"做什么"，方可发现并提示须协同的环节与焦点，进而解决各专业"如何做好"与"一起做好"的问题。本指南从现实出发，依据《绿色建筑评价标准》GB/T 50378—2019，将五项"绿色性能"相关条文所对应的具体要求进行概括转化，确定为各专业的绿色设计任务（具体概括过程可详见本指南附录C）。《绿色建筑评价标准》每项"绿色性能"均划分为控制项与评分项两类若干条文。控制项是各专业须完成的绿色建筑基本设计任务，本指南规定为"基本任务"；评分项、加分项是根据绿色建筑项目定位、目标及具体条件可选择完成的设计任务，本指南规定为"可选任务"。

评价标准中的每项条文对应的设计任务涉及一个或一个以上的设计专业。**本指南各专业设计任务加"＊"的内容是指涉及多专业的共同任务，是各专业设计须协同的重要内容和环节**（详见附录C各分表中相关专业一栏）。经对附录C进行相关统计，此类设计任务占设计任务总数近3/4，各专业独立完成的任务仅占1/4。由此可见，协同设计是绿色设计工作的主要特征。

2 第5.2.1条表述了规划专业的绿色设计任务。作为城市物质形态构成要素，绿色建筑的设计工作实际上需要起步于城市规划阶段，在城市规划层面进行"绿色城市"的统筹规划设计。建筑设计是在规划立项之后，依据城市规划确定的目标和要求，结合建设用地外部与内部的条件，进行具体的项目设计。因此，2019版《绿色建筑评价标准》有若干条文是由政府相关部门在规划阶段已经明确的建筑设计的前提条件（如用地选址、外部公共交通联系、提供便利的外部公共服务设施等），而非建筑设计阶段的任务。但建筑设计须表明场地范围内的设计与城市相关规划的对接方式。

3 第5.2.5～5.2.8条分别表述了暖通空调、电气、智能化、室内设计等专业的绿色设计任务。根据2019版《绿色建筑评价标准》与《绿色建筑评价标准技术细则》的相关要求，暖通空调专业的降低供暖空调能耗设计、电气专业的降低照明系统能耗设计，以及智能化专业的三项设计（建筑设备自动监控管理系统、信息网络系统、配置智能化服务系统）等系统的终端需要在室内设计文件中予以表达，在进行预评价与评价工作时，除了查阅相关专业设计文件，还须核查室内设计文件。这些均为相关专业须协同的重要环节。

在2019版《绿色建筑评价标准》第5.1.1、5.1.6、5.1.8条、第5.2节的第Ⅰ部分，对建筑室内空气品质提出了要求。依据评价标准与评价标准技术细则的相关要求，该类型任务仅由暖通空调专业负责完成。随着人们对室内空气品质日益关注，智能化专业的设计任务（表5.2.7）可相应增加"设置与空调系统联动的室内空气质量指数的监测装置"，作为绿色性能"健康舒适"的"可选任务"。

4 第5.2.6条、第5.2.8～5.2.9条分别表述了电气、室内设计、景观等专业的绿色设计任务。环境宜居性能要求在建筑内外均需要设置便于识别和使用的标识系统。通常，一般性标识设计与多个专业（室内、景观、电气）相关，而复杂标识系统则通常需要专业标识设计团队进行专项设计。因此，本指南暂将标识设计内容划归室内、景观与电气三个专业。

5.2.10 本条文编制依据2019版《绿色建筑经济指标》（征求意见稿）。

绿色建筑经济指标是指在一定时间和条件下，反映绿色建筑经济现象数量方面的名称及其数值，是绿色建筑工程项目进行投资决策、项目评估，以及绿色技术方案比选的重要参考依据。

绿色建筑工程增量成本综合指标是指不同星级的绿色建筑相较于非绿色建筑增加的单方成本。指标通常以单位建筑面积建筑安装工程费的形式体现。该指标主要用于投资估算及初步设计概算的编制。绿色建筑技术增量成本单项指标是指具体的绿色技术措施相较于常规技术措施产生的增量成本。指标通常也是以单位规模建筑安装工程费的形式体现，如屋顶绿化措施按单位面积建筑安装工程费、雨水回用系统按单位水箱吨位费等形式。该指标主要用于初步设计概算与施工图预算的编制。

运营阶段的费用指标是指工程项目在运营期间发生的能源消耗、保养维护及设备维修等费用。鉴于目前国内对工程项目运营阶段的数据积累较少，在设计阶段以建设成本的百分比考虑相关费用指标。限额设计是指按照工程项目规定的投资额度进行满足需求、功能和技术要求的设计。对于使用财政资金投资的项目，通常在设计任务书中以总投资的形式提出要求。

5.2.11 本条文编制依据绿色建筑咨询机构的主要工作内容归纳而成。

咨询团队须结合全寿命周期内的技术和经济分析，选用适宜技术、设备和材料，对规划、设计、施工、运行阶段进行全过程咨询，并为甲方、施工单位、运营管理单位提供绿色施工和绿色运营相关的指导意见。

5.3 岗位分工与职责

5.3.1～5.3.6 条文编制基本沿用《江苏省民用建筑信息模型设计应用标准》DGJ 32/TJ 210—2016 第 5.2 节。

绿色设计不是独立的设计类型，而是建筑设计整体的一部分。绿色建筑设计团队也不是独立的设计团队，而是集成化的建筑设计团队。在设计团队中，每位设计人员既有专业之分，也有岗位之分。集成化的建筑设计团队不仅需要优化专业配置，也需要优化岗位职能配置，不同岗位成员在协同设计中各尽其职。当协同应用 BIM 协同设计平台时，须设立协同设计平台维护人，协同设计平台维护工作包括文件的存储及备份、账户和权限管理、工作录入等内容。

5.4 协同方法

5.4.1 本条文基本沿用《江苏省民用建筑信息模型设计应用标准》DGJ 32/TJ 210—2016 第 5.1.2 条。

要进行高效的设计协同，首先须建立协同设计的平台。协同设计平台的基本要求是进行网络共享、规定文件管理规则、设定平台访问机制等。设计协同以此为基础，结合文件存放方式、访问权限、图模关联和网络传输设置等功能，对设计过程进行规范程序和关联指导。

5.4.2 本条基本沿用《江苏省民用建筑信息模型设计应用标准》DGJ 32/TJ 210—2016 第 5.1.3 条。

内部协同标准须建立具体、可执行和可操作层面的规则和要求。其内容包括协同设计平台功能介绍、协同方法、协同人员的分工与职责、协同设计平台相关辅助工具使用说明等内容。二维协同须建立结构化文件链接及有效的同步机制。

5.4.3 本条基本沿用《江苏省民用建筑信息模型设计应用标准》DGJ 32/TJ 210—2016 第 5.3.1～5.3.2 条。

文件的统一存储和管理是设计协同的基础，可以有效保证文件的所有权和安全性，统一信息来源，开放信息获取渠道，并创造共事条件。一般情况下，文件管理权限分级分为不可访问、只读和编辑，也可根据项目需要增加权限的类型。协同设计平台的权限需要与文件架构、用户角色、工作任务等关联。当文件架构、用户、任务发生变化时，须及时调整权限。划分权限工作范围时须尽量避免重叠，对于重叠部分须制定权限交互的规则。

5.4.4 本条基本沿用《江苏省民用建筑信息模型设计应用标准》DGJ 32/TJ 210—2016 第 5.3.3～5.3.4 条。

设计文件的命名须符合国家和地方相关标准的规定。BIM协同设计平台通常将工作区划分为编辑区、共享区、发布区和归档区。编辑区是各设计小组的独立工作区域，该区域用于对文件进行编辑。共享区是各设计小组间的过程交互区域，满足一定交互条件的编辑区文件被提交到该区，供其他设计小组参考。发布区是各设计小组文件的公开发布区域，该区域内发布的文件需要已完成质量确认。归档区是各设计小组的节点交付区域，该区域存放包括编辑区、共享区及发布区的须归档内容。

在多专业设计协同过程中，各专业模型间须进行设计条件交互。为满足交互过程中动态设计变更和数据参照的准确性，BIM设计方须建立交互过程的协作方式和各专业的动态审查方式。

5.4.5 本条文表述了协同设计的协同模式与须协同的关键环节。

在协同设计过程中，通常有异步协同和同步协同两种协同模式。异步协同设计是一种松散耦合的协同工作，也就是多个设计人员在分布集成的设计平台上围绕共同的任务进行协同设计工作，但各自可以有不同的工作空间，可以在不同的时间内进行工作。由于建筑设计的复杂性和多样性，单一的同步或者异步协同模式都无法满足其需求。事实上，在建筑协同设计过程中，异步协同与同步协同往往交替出现，专业间的协同工作常采用异步协同进行工作。在选用 BIM 协同设计平台时，专业内采用同步协同的工作方式。因此，协同设计的协同机制具有灵活性、多样性，并非僵化刻板。

无论采用何种协同模式，最重要的是准确把握协同的关键环节。在设计工作中，以下三个情形可能是绿色设计需要协同的关键环节：**一是在六个设计步骤的起承转合之时，二是在某个绿色性能的要求牵涉多个专业之时，三是在主要技术的分析、评价与决策之时**。在协同设计的关键环节，设计团队须采用协同决策的工作模式。